在繁华喧嚣的都市之中，有一个静谧而充满生机的地方，那便是电子科技大学的校园。电子科技大学校园内植物种类丰富，包含野生植物118科292属373种（含种下单位），其中乔木83种，灌木45种，藤本22种，草本223种。在这片被科技与智慧浸润的土地上，电子科技大学以其独特的魅力，孕育了一方生机勃勃的绿色天地。这里，校舍与绿树交相辉映，人文与自然和谐共生，仿佛是一幅流动的画卷，诉说着岁月的故事，也承载着对未来的期许。

走进电子科技大学校园，仿佛置身于一个植物王国。春来，樱花烂漫，桃花娇艳，万物复苏；夏至，绿树成荫，荷花映日，生机勃勃；秋临，银杏叶黄，菊花争艳，一片金黄；冬到，寒梅傲雪，松柏常青，静谧而坚韧。四季轮回，景色各异，每一季都有它独特的韵味和魅力。

《成电花语》如同一扇窗，让我们得以窥见电子科技大学校园内那四季变换、繁花似锦的自然风光。在这里，数百种植物竞相生长，它们或挺拔如乔木，或柔美如灌木，或缠绵如藤本，或质朴如草本，共同构成了一个丰富多彩的生态世界。

《成电花语》不仅是一本校园花草集锦，更是一本自然、生命以及美学的集锦。它让我们在忙碌的学习和工作之余，能够静下心来，去感受自然的美好，去体验生命的脉动。

《成电花语》以其独特的视角和方式，传递了大学对于自然与人文之美的无限向往和尊重。在这里，人与自然和谐共生，教育与艺术相互交融，共同谱写了一曲关于生命、关于成长以及梦想的赞歌。

愿《成电花语》能够成为你心灵的一片绿洲，让你在喧嚣的尘世中找到一份宁静与美好。愿世界如鲜花般绚烂，美好且生生不息。愿这里的莘莘学子逐梦成长，共同书写属于新时代的精彩篇章。

2025 年，电子科技大学出版社即将迎来建社四十周年，我们借《成电花语》的出版，诚挚感谢长期关心支持出版社发展的各级领导、专家学者以及相关部门和战略合作伙伴，以此作为对过往岁月的致敬和对美好未来的期许。

CHENGDIAN HUAYU

成电花语

成电花影　岁月细语

农历乙巳年　蛇

成电花影 岁月细语

一月

2025 January

农历乙巳年 蛇

农历甲辰年 龙

桃叶珊瑚

桃叶珊瑚果实鲜红光亮，果期长达半年，是良好的观果植物。它的小枝二歧分枝，叶革质，圆锥花序顶生，雄花和雌花在花期时为绿色或紫红色。清水河校区学子餐厅西侧、图书馆北侧有分布。

一月 January

星期三

甲辰年 龙

01

休

元旦

2025 年 01 月

一月 January

星期四

甲辰年 龙

02

腊月初三

2025年01月

罗汉松

野生的罗汉松是国家二级保护野生植物，属于裸子植物。它有着一种叫假种皮的结构，位于其卵圆形种子的下部，成熟的时候会变为紫黑色，吸引动物帮助其传播种子。清水河校区西湖西南侧、校医院东侧、硕丰苑二组团，沙河校区主楼南侧有分布。

一月 January

星期五

甲辰年 龙

03

腊月初四

2025年01月

苣荬菜

苣荬菜在全球分布范围很广，横跨六大洲，在草地上经常能见到它的身影。它的叶裂通常较浅，头状花序排成伞房状花序，花黄色，总苞片上有绒毛。清水河及沙河校区草坪上有分布。

一月 January

星期六

甲辰年 龙

04

腊月初五

2025年01月

苣荬菜

一月 January

星期日

甲辰年 龙

05

小寒

2025年01月

一月 January

星期一

甲辰年 龙

06

腊月初七

2025年01月

菩提树

菩提树的叶片尖端十分细长，被称为滴水叶尖，这是热带地区的植物为了尽快将叶片上的雨水排干演化出的一种结构。清水河校区立人楼中央、苗圃有分布。

一月 January

星期二

甲辰年 龙

07

腊八节

2025年01月

梅

梅的叶片卵形或椭圆形，花先叶开放，花梗长1~3毫米，雄蕊多数，且花药不为绯红色，区别于桃。果实近球形，直径2~3厘米，被柔毛，味酸。清水河校区品学楼南侧、沙河校区主楼南侧有分布。

一月 January

星期三

甲辰年 龙

08

三九天

2025 年 01 月

梅

一月 January

星期四

甲辰年 龙

09

腊月初十

2025年01月

一月 January

星期五

甲辰年 龙

10

腊月十一

2025年01月

蓖麻

蓖麻的种子含油量高，压榨出的油可用于工业生产。蓖麻的叶片掌状 7～11 裂，花雌雄同株，没有花瓣，花序上部着生雌花，下部着生雄花，蒴果卵球形或近球形，种子有淡褐色斑纹，具肉质胚乳。清水河校区宿舍区的绿化带内有分布。

一月 January

星期六

甲辰年 龙

11

腊月十二

2025 年 01 月

蓖麻

一月 January

星期日

甲辰年 龙

12

腊月十三

2025 年 01 月

地钱

地钱属于苔纲植物，雌雄异株，雌托裂成指状，雄托盘状。除了进行有性生殖，地钱还通过叶状体上的胞芽杯，也就是小小的圆形杯状结构进行无性生殖，胞芽杯里形成的胞芽能直接发育为叶状体。清水河及沙河校区草坪上有分布。

一月 January

星期一

甲辰年 龙

13

腊月十四

2025 年 01 月

一月 January

星期二

甲辰年 龙

14

腊月十五

2025年01月

地钱

一月 January

星期三

甲辰年 龙

15

腊月十六

2025年01月

一月 January

星期四

甲辰年 龙

16

腊月十七

2025年01月

一月 January

星期五

17

2025年01月

甲辰年

龙

四九天

单体红山茶

单体红山茶的嫩枝无毛，叶片边缘有略钝的细锯齿，花粉红色或白色，顶生，蒴果宽 3 厘米，果爿厚 3～4 厘米。清水河校区生态区有分布。

一月 January

星期六

甲辰年 龙

18

腊月十九

2025 年 01 月

一月 January

星期日

甲辰年 龙

19

腊月二十

2025 年 01 月

小麦

小麦是世界上种植范围最广，种植面积最大的粮食作物。小麦的穗状花序直立，顶端具芒或无芒，内稃与外稃几乎等长，叶片长披针形，因品种繁多，所以性状也有较大差异。清水河校区草坪上有分布。

一月 January

星期一

甲辰年 龙

20

大寒

2025 年 01 月

少花龙葵

少花龙葵的嫩叶可以作为野菜食用，植株与龙葵非常接近，主要区别在于果实。少花龙葵的果实十分光亮，其萼片，也就是黑色果实上面的叶状结构向上反曲，每个小裂片呈卵状披针形。清水河及沙河校区草坪上有分布。

一月 January

星期二

甲辰年 龙

21

腊月廿二

2025 年 01 月

肾蕨

肾蕨因孢子囊群为肾形而得名，是一种普遍栽培的蕨类观赏植物，可以通过块茎进行无性生殖。肾蕨的叶片簇生，一回羽状裂叶，孢子囊群在叶片主脉两侧排成行。清水河校区生态区、图书馆北侧有分布。

一月 January

星期三

甲辰年 龙

22

北方小年

2025年01月

水杉

水杉的树形呈塔状，叶片在侧生小枝上排成两列，像羽毛一样。每年秋天水杉会换上棕色的外衣，枝头挂满丰硕的球果，等待着来自各方的客人。清水河校区水杉路、湿地公园，沙河校区宿舍区绿化带内有分布。

一月 January

星期四

甲辰年 龙

23

南方小年

2025年01月

水杉

一月 January

星期五

甲辰年 龙

24

腊月廿五

2025年01月

土荆芥

土荆芥，又名“杀虫芥”“臭芥”，有一种奇特的味道，全株可入药。土荆芥的植株有能分泌芳香物质的腺体，叶片长圆状披针形，穗状或圆锥状花序，花被 5 裂，淡绿色，花果期较长。清水河及沙河校区草坪上有分布。

一月 January

星期六

甲辰年 龙

25

腊月廿六

2025年01月

蜈蚣凤尾蕨

蜈蚣凤尾蕨，又名“蜈蚣草”，是一种常见的蕨类植物，喜欢生长在石灰岩或钙质土上。它的叶片为奇数一回羽状裂叶，孢子囊群线形，生于羽片边缘。清水河及沙河校区草坪、岩石上有分布。

一月 January

星期日

甲辰年 龙

26 班

五九天

2025年01月

细毛碗蕨

细毛碗蕨的嫩叶密被灰色长毛，老时脱落。叶片为二回羽状，孢子囊群圆形，囊群盖浅碗形，具毛。清水河及沙河校区湿润草坪上有分布。

一月 January

星期一

甲辰年 龙

27

腊月廿八

2025 年 01 月

细叶小羽藓

细叶小羽藓的植株十分纤细，匍匐茎具1～2回羽状分枝，叶状体卵形，叶细胞长方形或不规则六角形；孢蒴长椭圆形，橘黄色，水平排列。清水河及沙河校区湿润草坪上有分布。

一月 January

星期二

甲辰年 龙

28 休

除夕

2025 年 01 月

雪松

雪松的小枝常下垂，针叶在短枝上簇生在一起，雌雄异株，雄球花在早春开放，比雌球花先开1～2周。雄球花开放时，金黄色的花粉随风飘散，把地面也染成了金色，十分壮观。清水河校区品学楼南侧、沙河校区图书馆东侧有分布。

一月 January

星期三

乙巳年 蛇

29

休

春节

2025年01月

野天胡荽

野天胡荽，又名“铜钱草”，叶片像铜钱一样，属于天胡荽属，喜生在水中，常用作盆景。它的叶片圆形，盾状，花绿白色。清水河校区湿地公园有分布。

一月 January

星期四

乙巳年 蛇

30 休

正月初二

2025年01月

有柄石韦

有柄石韦通常附生于岩石上，不育叶片椭圆形，能育叶片长卵形或长圆状披针形，全缘，叶上有洼点；叶下密被红棕色的星状毛。清水河校区图书馆北侧有分布。

一月 January

星期五

乙巳年 蛇

31

休

正月初三

2025 年 01 月

成电花语

成电花影　岁月细语

二月

2025 February

农历乙巳年

蛇

小窃衣

小窃衣的根和果实可以入药，叶片羽状分裂，复伞形花序，花白色，果实卵圆形，有钩状的皮刺。清水河及沙河校区草坪上有分布。

二月 February

星期六

乙巳年 蛇

01

正月初四

2025年02月

茶梅

茶梅有深红色、粉红色和白色的品种，它的嫩枝有毛，区别于山茶和单体红山茶。清水河校区五号科研楼南侧、宿舍区的绿化带内有分布。

二月 February

星期日

乙巳年 蛇

02

正月初五

2025年02月

西藏红豆杉

西藏红豆杉是国家一级保护野生植物，其红色的假种皮十分瞩目。它因树皮中含有的天然抗癌成分紫杉醇而备受关注，但这种次生代谢产物在植物体内的含量极低，致使这一珍稀树种被大量砍伐，变得愈发濒危。清水河校区体育场旁校友林有分布。

二月 February

星期一

乙巳年 蛇

03

休

立春

2025年02月

西藏红豆杉

二月 February

星期二

乙巳年 蛇

04 休

六九天

2025年02月

马蹄莲

马蹄莲是著名的切花花卉，因花朵形似马蹄而得名。它花形美丽，花色丰富，以白色品种最为素雅大方。它的叶片箭形，肉穗状花序，浆果淡黄色。清水河校区西湖观景台侧有分布。

二月 February

星期三

乙巳年 蛇

05

正月初八

2025年02月

山茶

山茶是最常见，也是品种最为丰富的一种茶花，花朵通常为红色或者淡红色。它的嫩枝无毛，叶片革质，椭圆形，单花生于小枝顶端或者叶腋下，蒴果球形。清水河校区宿舍区的绿化带内、沙河校区西门东南侧有分布。

二月 February

星期四

乙巳年 蛇

06

正月初九

2025年02月

柔弱斑种草

柔弱斑种草的茎较为细弱，有向上贴伏的伏毛，聚伞总状花序，花淡蓝色，小坚果腹面环状突起纵椭圆形。清水河及沙河校区草坪上有分布。

二月 February

星期五

乙巳年 蛇

07

正月初十

2025年02月

二月 February

星期六

乙巳年 蛇

08

班

正月十一

2025 年 02 月

白酒草

白酒草的莲座状基生叶倒卵形，下部茎生叶长圆形，中部叶倒披针状长圆形，上部叶披针形，球状花序排成球状或伞房状花序，总苞片3～4层，瘦果长圆形。清水河校区湿地公园东侧有分布。

二月 February

星期日

乙巳年 蛇

09

正月十二

2025年02月

二月 February

星期一

乙巳年 蛇

10

正月十三

2025年02月

酢浆草

酢浆草，又名“酸味草”，茎叶含有较多草酸，可以用来擦拭铜器，全草可入药。它的叶片由3片倒心形的小叶组成，花朵单生或数朵组成伞形花序，花瓣黄色，雄蕊基部合生，蒴果长圆柱形。清水河及沙河校区草坪上有分布。

二月 February

星期二

乙巳年 蛇

11

正月十四

2025年02月

二月 February

星期三

乙巳年 蛇

12

元宵节

2025 年 02 月

笔管草

笔管草是节节草的一个亚种，与木贼十分接近，但成熟主枝上有分枝，与节节草模式亚种的主要区别在于主枝较粗，且幼枝的轮生分枝不明显。清水河及沙河校区草坪上有分布。

二月 February

星期四

乙巳年 蛇

13

七九天

2025年02月

二月 February

星期五

乙巳年 蛇

14

正月十七

2025年02月

巨紫荆

巨紫荆属于紫荆属，是一种高大的落叶乔木，花繁多而美丽。它的叶片近似圆形，花淡紫红色，簇生于一极短的总梗上。清水河校区立人楼南侧有分布。

二月 February

星期六

乙巳年 蛇

15

正月十八

2025年02月

二月 February

星期日

乙巳年 蛇

16

正月十九

2025年02月

矢车菊

矢车菊有蓝、白、红、紫等花色，十分美丽。它的植株灰白色，基生叶及茎下部叶长椭圆状倒披针形或披针形，茎中部和上部叶线形或线状披针形，全缘，头状花序组成伞房花序或圆锥花序。清水河校区学知苑一组团东侧草坪上有分布。

二月 February

星期一

乙巳年 蛇

17

正月二十

2025年02月

油茶

油茶与油棕、油橄榄、椰子并称世界四大木本油料作物，种子含油量高达30%，可以用来食用和制作肥皂。油茶的花大而洁白，可供观赏。它的幼枝被粗毛，花顶生，蒴果球形。清水河校区品学楼B区中央有分布。

二月 February

星期二

乙巳年 蛇

18

雨水

2025年02月

二月 February

星期三

乙巳年 蛇

19

正月廿二

2025年02月

深山含笑

深山含笑的芽、幼枝、叶下和苞片均带有白粉，叶片革质，花单生于叶腋，较大，直径10～12厘米，种子红色。清水河校区湿地公园东侧有分布。

二月 February

星期四

乙巳年 蛇

20

正月廿三

2025年02月

二月 February

星期五

乙巳年 蛇

21

正月廿四

2025 年 02 月

瓶尔小草

瓶尔小草，又名“一支枪”，叶片通常单生，可入药。它的孢子叶从营养叶基部长出，远长于营养叶。清水河及沙河校区草坪上有分布。

二月 February

星期六

乙巳年 蛇

22

八九天

2025年02月

二月 February

星期日

乙巳年 蛇

23

正月廿六

2025年02月

全缘叶栾树

全缘叶栾树，又名“黄山栾树”，乔木，其树形端正，枝叶茂密，是一种优良的行道树。夏末秋初开花时，满树金黄；深秋季节，其蒴果粉紫色，挂满枝头，十分好看。清水河校区基础实验楼东侧有分布。

二月 February

星期一

乙巳年 蛇

24

正月廿七

2025年02月

二月 February

星期二

乙巳年 蛇

25

正月廿八

2025年02月

沙梨

沙梨的果实成熟时萼片大部分脱落，叶片边缘有带刺芒的尖锐锯齿，果实褐色，区别于其他梨。清水河校区体育馆北侧校友林、西湖北侧有分布。

二月 February

星期三

乙巳年 蛇

26

正月廿九

2025年02月

二月 February

星期四

乙巳年 蛇

27

正月三十

2025 年 02 月

马兰

马兰是菊科紫菀属的一种植物，花朵紫色、浓密。它的嫩叶可以作为蔬菜，被称为“马兰头”，全草可入药。它的头状花序单生于枝端，舌状花淡紫色。清水河及沙河校区草坪上有分布。

二月 February

星期五

乙巳年 蛇

28

二月

2025年02月

成电花影　岁月细语

三月

2025 March

农历乙巳年

蛇

苦苣菜

苦苣菜植株高度可达 1.5 米，茎光滑无毛，基生叶和茎中下部叶片为羽状深裂或大头羽状深裂，叶柄基部抱茎，头状花序组成伞房或总状花序，总苞宽钟状，舌状花黄色，无管状花，瘦果褐色长椭圆形。清水河及沙河校区草坪上有分布。

三月 March

星期六

乙巳年 蛇

01

龙抬头

2025年03月

三月 March

星期日

乙巳年 蛇

02

二月初三

2025 年 03 月

木樨

木樨，又名“桂花”，是我国传统名花，有金桂、银桂、丹桂等品种。木樨的果子成熟时呈紫黑色，椭圆形，白头鹎等鸟儿很喜欢吃。清水河校区的丹桂路、主楼南侧，以及沙河校区的主楼西侧有分布。

三月 March

星期一

乙巳年 蛇

03

九九天

2025年03月

小叶黄杨

小叶黄杨是黄杨的一个变种，四季常绿，即便是冬天依然郁郁葱葱，非常具有生命力，是良好的观叶植物。其叶薄革质，阔椭圆形或阔卵形，侧脉明显凸出，头状花序腋生，蒴果近球形。清水河校区银杏大道东侧、沙河校区体育馆南侧有分布。

三月 March

星期二

乙巳年 蛇

04

二月初五

2025年03月

百日菊

百日菊是一种原产墨西哥的著名观赏植物，花大而美丽，花色丰富多样。它的头状花序单生于枝顶，外侧的舌状花有橙黄、玫红、紫堇等颜色，中央的管状花黄色，叶片对生，宽卵圆形。清水河校区学知苑一组团东侧草坪上有分布。

三月 March

星期三

乙巳年 蛇

05

惊蛰

2025年03月

野迎春

野迎春开放时通常有叶片，而且花比较大。3月，清水河校区东湖、西湖湖畔，以及沙河校区第三教学楼北侧的池塘边，金灿灿的野迎春尽情开放，向师生们昭示春天的到来。

三月 March

星期四

乙巳年 蛇

06

二月初七

2025年03月

野迎春

三月 March

星期五

乙巳年 蛇

07

二月初八

2025年03月

成电花影 岁月细语

三 月 March

星期六

乙巳年 蛇

08

妇女节

2025年03月

蝴蝶花

蝴蝶花是校园内最早开放的一种鸢尾科植物。蝴蝶花的淡蓝色的外轮花被片上有黄色的鸡冠状附属物，总状圆锥花序，蒴果。清水河校区西湖西侧、南侧有分布。

三月 March

星期日

乙巳年 蛇

09

二月初十

2025年03月

蝴蝶花

三月 March

星期一

乙巳年 蛇

10

二月十一

2025年03月

三 月 March

星期二

乙巳年 蛇

11

二月十二

2025年03月

风车草

风车草是一种常见的水生观赏植物，因花序像风车而得名。风车草植株高度可达 1 米，杆近圆形，苞片 20 枚，聚伞花序上的辐射枝分两级，小穗生于二级辐射枝上。清水河校区西湖湖心岛、图书馆北侧有分布。

三 月 March

星期三

乙巳年 蛇

12

植树节

2025 年 03 月

三月 March

星期四

乙巳年 蛇

13

二月十四

2025年03月

球序卷耳

球序卷耳的全株密被柔毛，聚伞花序密集成头状，花和果实均很小，花瓣白色，先端2裂，蒴果长圆筒形。清水河及沙河校区草坪上有分布。

三月 March

星期五

乙巳年 蛇

14

二月十五

2025年03月

泽珍珠菜

泽珍珠菜的花洁白如雪，繁盛美丽。泽珍珠菜喜欢生活在潮湿的地方，全株无毛，基生叶匙形，茎生叶倒卵形，总状花序顶生，蒴果球形，苞片线形。清水河及沙河校区湿润草坪上有分布。

三月 March

星期六

15

乙巳年 蛇

二月十六

2025年03月

大岛樱

大岛樱是野生樱花的代表，很多樱花品种都由它培育而来。它的花较大，白色，单瓣，花叶同开，呈伞房状开放，萼筒长钟形，萼片呈披针形，边缘有锯齿。清水河校区日晷旁、学子餐厅东侧有分布。

三月 March

星期日

乙巳年 蛇

16

二月十七

2025年03月

七星莲

七星莲的基生叶莲座状，能通过匍匐枝进行无性繁殖，常在草地上开成一大片。它的叶片卵形，花较小，淡紫色，蒴果长圆形。清水河及沙河校区草坪上有分布。

三月 March

星期一

乙巳年 蛇

17

二月十八

2025年03月

阿拉伯婆婆纳

阿拉伯婆婆纳是春天草地上一种非常漂亮的野花，蓝色的小花一丛丛地开放，超凡脱俗，富有灵气。阿拉伯婆婆纳的分枝多而铺散，叶片对生，卵圆形，总状花序，蒴果肾形。清水河及沙河校区草坪上有分布。

三 月 March

星期二

乙巳年 蛇

18

二月十九

2025 年 03 月

魔芋

魔芋，又名“花魔芋”“蒟蒻”，它的块茎直接食用会引起中毒，但加工后可以食用。它的整个植株只有一片叶子，类似茎的结构其实是它的叶柄。通常几年才开一次花，花深紫色，高达半米。清水河校区生态区有分布。

三月 March

星期三

乙巳年 蛇

19

二月二十

2025年03月

花叶青木

花叶青木，又名“洒金桃叶珊瑚”，是青木的花叶变种，叶片上有散布的淡黄色斑点，常作为观赏植物。它的叶片革质，长椭圆形，核果。清水河校区图书馆北侧、沙河校区西门东南侧有分布。

三月 March

星期四

乙巳年 蛇

20

春分

2025年03月

三月 March

星期五

乙巳年 蛇

21

二月廿二

2025年03月

虞美人

虞美人的花朵像飘逸的舞裙，在风中摇曳出华尔兹的步伐。它的叶片羽状分裂，果实很小，不含阿片类成分，花和全株可入药。清水河校区学知苑一组团东侧草坪上有分布。

三月 March

星期六

乙巳年 蛇

22

二月廿三

2025年03月

虞美人

三月 March

星期日

乙巳年 蛇

23

二月廿四

2025年03月

野葵

野葵，又名“冬苋菜”，栽培变种冬葵是葵菜的一种，嫩叶可供食用，特别适合煮粥或者做汤。野葵的叶片掌状浅裂，花簇生于叶腋，白色或淡紫色，果实扁球形。清水河校区校医院东侧、沙河校区主楼北侧有分布。

三月 March

星期一

乙巳年 蛇

24

二月廿五

2025年03月

诸葛菜

相传，诸葛菜是诸葛亮在行军途中粮草不足时发现的一种野菜，去除苦味后可以食用。它还有一个好听的名字叫“二月兰”，因花朵蓝紫、农历二月开花而得名。清水河及沙河校区草坪上有分布。

三月 March

星期二

乙巳年 蛇

25

二月廿六

2025年03月

春飞蓬

春飞蓬原产北美洲，与一年蓬十分相似，主要区别在于春飞蓬的舌状花略带粉色，在花期斜举，而一年蓬的舌状花平展。清水河及沙河校区草坪上有分布。

三月 March

星期三

乙巳年 蛇

26

二月廿七

2025年03月

三月 March

星期四

乙巳年 蛇

27

二月廿八

2025年03月

泥胡菜

泥胡菜的基生叶大头羽状深裂或全裂，叶下灰白色，管状花紫红色，头状花序在枝顶组成伞房状花序，瘦果楔形。清水河及沙河校区草坪上有分布。

三月 March

星期五

乙巳年 蛇

28

二月廿九

2025 年 03 月

三月 March

星期六

乙巳年 蛇

29

三月

2025年03月

红花酢浆草

红花酢浆草原产南美洲，作为观赏植物引入国内，通常通过鳞茎繁殖，全草可入药。它的叶片也有3片小叶，二歧聚伞花序，花紫红色，较酢浆草的大，且更为美丽。清水河校区商业街东侧有分布。

三月 March

星期日

乙巳年 蛇

30

三月初二

2025年03月

斑点蜘蛛抱蛋

斑点蜘蛛抱蛋，又名“洒金蜘蛛抱蛋”，是蜘蛛抱蛋的一个变种，叶片上有金色的斑点，花像一只紫红色的蜘蛛，因此而得名。它的叶片单生，矩圆状披针形，叶柄明显，花被片钟形，有8个裂片，像蜘蛛的8条腿。清水河校区生态区、第三教学楼北侧有分布。

三月 March

星期一

乙巳年 蛇

31

上巳节

2025年03月

CHENGDIAN HUAYU

成电花语

成电花影 岁月細语

四月

2025 April

农历乙巳年

蛇

绣球荚蒾

绣球荚蒾，又名“木绣球”，花开时节，绿白色的花团挤满枝头，十分热闹。绣球荚蒾的每朵花有5个花瓣。清水河校区基础实验楼东北侧、学子餐厅西侧有分布。

四月 April

星期二

乙巳年 蛇

01

三月初四

2025年04月

四月 April

星期三

乙巳年 蛇

02

三月初五

2025年04月

李

李——重要的温带果树之一，又名“嘉应子”，常与桃树一起种植在堂前屋后，有“桃李”之说。它的花纯白素雅，繁盛美丽，叶片矩圆状倒卵形，光滑无毛，花梗长 1～2 厘米，萼筒钟状，萼片绿色。清水河校区体育馆北侧校友林、图书馆南侧、宿舍区的绿化带内有分布。

四月 April

星期四

乙巳年 蛇

03

寒食节

2025年04月

四月 April

星期五

乙巳年 蛇

04

休

清明

2025年04月

鼠曲草

鼠曲草，又名“清明草”，嫩叶可以食用。清明节前后，采摘鼠曲草的嫩叶搭配豆沙或者肉馅儿做青团是很多地方的习俗。鼠曲草的茎叶被有白色棉毛，叶片倒卵形或匙状倒卵形，头状花序组成伞房花序，花黄色。清水河及沙河校区草坪上有分布。

四月 April

星期六

乙巳年 蛇

05

三月初八

2025年04月

四月 April

星期日

乙巳年 蛇

06

三月初九

2025年04月

醉香含笑

醉香含笑的嫩枝、叶柄、花梗和苞片有红褐色短绒毛，叶片革质，聚伞花序 2～3 朵，花梗有 3 个苞片痕，花被片白色，通常为 9 枚，匙状倒卵形或倒披针形，蓇葖果长圆形，有稀疏的白色皮孔。清水河校区生态区有分布。

四月 April

星期一

乙巳年 蛇

07

三月初十

2025年04月

加杨

加杨，又名“加拿大杨”，落叶乔木，树形高大，生长迅速，是优良的行道树，在我国南北各地均有广泛种植。其叶三角形或三角状卵形，葇荑花序下垂，花先叶开放，雄花序较雌花序稍早开放。清水河校区西湖南侧有分布。

四月 April

星期二

乙巳年 蛇

08

三月十一

2025年04月

白花紫露草

白花紫露草是一种良好的观叶植物，花朵洁白淡雅。它的茎匍匐，叶片长圆形，伞形花序，苞片叶状，常在夏秋季开花。清水河校区科研楼B区南侧有分布。

四月 April

星期三

乙巳年 蛇

09

三月十二

2025年04月

垂丝海棠

垂丝海棠形似西府海棠，但其花梗长且细，明显下垂，区别于西府海棠。其叶边有钝细锯齿，萼片三角卵形，与萼筒等长或稍短，果实梨形或倒卵形。清水河校区生态区有分布。

四月 April

星期四

乙巳年 蛇

10

三月十三

2025年04月

紫叶李

紫叶李，又名“红叶李”，紫叶李的叶片紫色，花常单生，花梗长1～2厘米，萼片紫红色，花瓣白色，花药橙黄色，果实近球形，直径1～3厘米，黄色、红色或黑色。清水河校区宿舍区的绿化带内、沙河校区图书馆中央有分布。

四月 April

星期五

乙巳年 蛇

11

三月十四

2025 年 04 月

枫杨

枫杨是一种美丽的观赏树种，果实可作饲料和用于酿酒，种子可供榨油，它的幼芽没有芽鳞，常几个叠生在一起，偶数羽状复叶，叶轴有窄翅，雌葇荑花序顶生，果翅条状长圆形。清水河校区湿地公园、图书馆南侧有分布。

四月 April

星期六

乙巳年 蛇

12

三月十五

2025 年 04 月

四月 April

星期日

乙巳年 蛇

13

三月十六

2025年04月

假槟榔

假槟榔的叶羽状全裂，长2~3米，有2列线状披针形的羽片，花序生于叶鞘之下，圆锥式的花序扩展，分支可达2~3级，小穗轴通常呈明显之字形曲折，果实卵球形，红色。清水河校区学子餐厅东侧有分布。

四月 April

星期一

乙巳年 蛇

14

三月十七

2025年04月

四月 April

星期二

乙巳年 蛇

15

三月十八

2025年04月

阔瓣含笑

阔瓣含笑的幼枝、芽和嫩叶均带有红褐色的绢毛，叶片薄革质，花梗有两个苞片痕，雌蕊群带有灰色或金黄色的微柔毛，种子淡红色。清水河校区湿地公园东侧有分布。

四月 April

星期三

乙巳年 蛇

16

三月十九

2025年04月

四月 April

星期四

乙巳年 蛇

17

三月二十

2025年04月

红花羊蹄甲

红花羊蹄甲是香港特别行政区的区花，香港当地称为“紫荆花”。红花羊蹄甲由洋紫荆和羊蹄甲杂交而来，花紫红色，大而美丽。清水河校区湿地公园西侧有分布。

四月 April

星期五

乙巳年 蛇

18

三月廿一

2025年04月

齿牙毛蕨

齿牙毛蕨与渐尖毛蕨十分相似，但其叶片基部的小裂片十分圆钝，像人的牙齿一样。清水河及沙河校区草坪上有分布。

四月 April

星期六

乙巳年 蛇

19

三月廿二

2025年04月

枫香树

枫香树是一种美丽的红叶树种，到了秋天其叶片会变成鲜艳的橙红色，不是枫叶却胜似枫叶，非常迷人。它的叶片宽卵形，掌状3裂，雄花序短穗状组成总状，雌花序头状，果序球形。清水河校区生态区、图书馆北侧有分布。

四月 April

星期日

乙巳年 蛇

20

谷雨

2025年04月

关山樱

关山樱的花粉红色，重瓣，不结实，花叶同开。花开时候，繁英满树，是春天一道非常亮丽的景色。落花时节，微风一吹，便下起一场粉红色的樱花雨，十分好看。清水河校区立人楼中央、沙河校区主楼北侧有分布。

四月 April

星期一

乙巳年 蛇

21

三月廿四

2025年04月

垂柳

垂柳常种植于水边，其纤细的枝叶随风摆动，婀娜多姿，非常动人。垂柳通常被视为春天的象征，常在农历二月发芽。清水河校区的西湖边、沙河校区第三教学楼北侧的池塘边有分布。

四月 April

星期二

乙巳年 蛇

22

地球日

2025年04月

四月 April

星期三

乙巳年 蛇

23

三月廿六

2025 年 04 月

楠木

楠木，又名“雅楠”。楠木木材有香气，纹理直而结构细密，小枝有黄褐色或灰褐色的柔毛，叶片革质，椭圆形，聚伞状圆锥花序，被毛，果椭圆形。清水河校区生态区、田径运动场四周，沙河校区主楼南侧有分布。

四月 April

星期四

乙巳年 蛇

24

三月廿七

2025年04月

四月 April

星期五

乙巳年 蛇

25

三月廿八

2025 年 04 月

马蹄金

马蹄金是旋花科的一种匍匐草本，叶片像马蹄一样，花黄色，由此而得名。全草可入药，常被用作地被植物。它的茎细长，叶片肾形或圆形，花很小，蒴果。清水河校区湿地公园东侧、沙河校区主楼北侧有分布。

四 月 April

星期六

乙巳年 蛇

26

三月廿九

2025年04月

四月 April

星期日

乙巳年 蛇

27

班

三月三十

2025 年 04 月

水麻

水麻通常生活在水边潮湿的地方。水麻的韧皮部富含纤维，果实味甜可食，叶片可以作为饲料。它的叶片纸质，长圆状披针形，花雌雄异株，花簇生为球状团伞状，瘦果倒卵圆形，成熟时橘黄色。清水河校区湿地公园有分布。

四月 April

星期一

乙巳年 蛇

28

四月

2025年04月

石楠

石楠是我国南方一种常见的常绿观赏树种，有的品种新叶为红色，像花一般鲜艳。果实红色，在冬天十分醒目。它的叶片革质，复伞房花序，花白色，果实球形。清水河校区五号科研楼东侧、沙河校区西门东南侧有分布。

四月 April

星期二

乙巳年 蛇

29

四月初二

2025年04月

木香花

木香花，又名“七里香”。春天白色的花朵开满枝头，一团团，一簇簇，好不热闹。木香花的每枚叶片有3～5枚小叶片，伞形花序，花芳香。不管是在清水河校区的西湖湖畔，还是在沙河校区的宿舍花园内，都有它的身影。

四月 April

星期三

乙巳年 蛇

30

四月初三

2025年04月

CHENG DIAN HUA YU

成电花语

成电花影 岁月细语

五月

2025 May

农历乙巳年 蛇

沙梨

沙梨的果实成熟时萼片大部分脱落，叶片边缘有带刺芒的尖锐锯齿，果实褐色，区别于其他梨。清水河校区体育馆北侧校友林、西湖北侧有分布。

五月 May

星期四

乙巳年 蛇

01

休

劳动节

2025 年 05 月

楝

楝，又称“苦楝”，花团锦簇，香飘十里。楝树的果实圆滚滚的，一个个挂满枝头，虽然苦涩，但仍是鸟儿们冬天宝贵的粮食。楝的叶片是2～3回奇数羽状复叶，花淡紫色，果核球形或椭圆形。清水河校区西湖西北侧有分布。

五月 May

星期五

乙巳年 蛇

02

休

四月初五

2025年05月

木莲

木莲花朵洁白，十分美丽，它有3枚近革质的外轮花被片和两轮稍小的肉质内轮花被片。雄蕊外侧紫红色，内侧白色；雌蕊黄绿色，聚合果卵球形。清水河校区学子餐厅西侧有分布。

五月 May

星期六

乙巳年 蛇

03

四月初六

2025年05月

西府海棠

西府海棠是由山荆子同海棠花或楸子杂交而来的，叶边有尖锐的锯齿，伞形总状花序，萼片披针形，长于萼筒，花瓣粉红色，果实近球形，红色。清水河校区生态区、沙河校区宿舍区附近有分布。

五月 May

星期日

乙巳年 蛇

04

青年节

2025年05月

五月 May

星期一

乙巳年 蛇

05

休

立夏

2025年05月

野漆

野漆树干的乳液可作生漆用，是优良的防腐、防锈涂料，根、叶可入药。它是彩叶树种，秋冬季树叶会变成鲜红色。野漆的各部无毛，复叶具9～15小叶，小叶下面常被白粉，花黄绿色，核果斜卵形。清水河校区生态区有分布。

五月 May

星期二

乙巳年 蛇

06

四月初九

2025年05月

柚

柚，又名“大麦柑”。柚的花极香，果实有球形、梨形。柚的叶片是单身复叶，在顶部的大叶片下有小的冀叶。其花梗、萼片及子房均被毛，种子具单胚，与其他柑橘相区别。清水河校区图书馆北侧、东湖西侧有分布。

五月 May

星期三

乙巳年 蛇

07

四月初十

2025 年 05 月

大叶木莲

大叶木莲是一种高大乔木。它的花叶均较大，叶片革质，通常五六片集中生长于树枝顶端，有 3 轮厚肉质的花被片。大叶木莲的分布地虽然较多，但是其结实率很低，这也是其濒危的原因。清水河校区学子餐厅西侧有分布。

五月 May

星期四

乙巳年 蛇

08

四月十一

2025年05月

成电花影 岁月细语

五月 May

星期五

乙巳年 蛇

09

四月十二

2025年05月

构

构——桑科构属植物，又名“楮桃”。它橙红色的果实酷似杨梅，它的小枝密被灰色粗毛，叶片背部密被细绒毛，不裂或3～5裂，花雌雄异株，雄花序为柔荑花序，雌花序头状，聚花果球形。清水河校区朝阳餐厅东侧有分布。

五月 May

星期六

乙巳年 蛇

10

四月十三

2025年05月

五月 May

星期日

乙巳年 蛇

11

母亲节

2025年05月

胡桃楸

胡桃楸，又名“野核桃”，种仁可食，其木材可被用于制作车轮，树皮纤维可作造纸原料。它通常有7～25枚小叶，小叶有锯齿，区别于胡桃。花药有毛，雌花序有5～10朵雌花，果实较小。清水河校区足球训练场南侧有分布。

五月 May

星期一

乙巳年 蛇

12

四月十五

2025年05月

紫藤

紫藤是一种非常美丽的藤本植物，开花时，如成千上万只紫色的蝴蝶落满枝头，我国许多古典园林里都有种植。紫藤的茎左旋，羽状复叶，总状花序，荚果线状倒披针形。清水河校区宿舍区的绿化带内、沙河校区第三教学楼北侧有分布。

五月 May

星期二

乙巳年 蛇

13

四月十六

2025年05月

林刺葵

林刺葵，又名“橙枣椰”，树冠半球形，茎部具有宿存的叶柄基部，叶片的剑形羽片排成2～4列，下部的羽片较上部小，花序直立，分枝花序纤细，果序具节，果实橙黄色。清水河校区东湖西侧有分布。

五月 May

星期三

乙巳年 蛇

14

四月十七

2025 年 05 月

绶草

绶草，又名“盘龙参”。它的花朵在花序轴上呈螺旋状排列，像盘龙一般，十分奇特。绶草的叶片通常为宽线形，生于茎的近基部，花茎高达25厘米，花序轴无毛，花色淡粉或紫红。清水河校区图书馆东侧有分布。

五月 May

星期四

乙巳年 蛇

15

四月十八

2025年05月

五月 May

星期五

乙巳年 蛇

16

四月十九

2025年05月

鸡爪槭

鸡爪槭因其叶片形似鸡爪而得名。它的叶形美观，入秋后变为鲜红色。鸡爪槭的小枝紫色或淡紫绿色，叶掌状 7 深裂。幼果紫红色，熟后褐黄色，两翅成钝角。清水河校区主楼北侧校友林，沙河校区西门东南侧、宿舍区的绿化带内有分布。

五月 May

星期六

乙巳年 蛇

17

四月二十

2025年05月

成电花影 岁月细语

五月 May

星期日

乙巳年 蛇

18

四月廿一

2025年05月

锦绣杜鹃

锦绣杜鹃的幼枝密被淡棕色的扁平糙伏毛，叶椭圆形或椭圆披针形，顶生伞形花序有1～5朵花，花萼被糙伏毛，花冠漏斗形，蒴果长圆状卵圆形，被糙伏毛。清水河校区生态区、沙河校区第二教学楼北侧有分布。

五月 May

星期一

乙巳年 蛇

19

四月廿二

2025年05月

贴梗海棠

贴梗海棠，又名“皱皮木瓜”。花朵常为大红色，也有粉红或乳白色。贴梗海棠的枝条有刺，叶片卵形，花先叶开放，簇生，果实球形或卵球形。清水河校区西湖南侧、宿舍区的绿化带内有分布。

五月 May

星期二

乙巳年 蛇

20

四月廿三

2025年05月

黄菖蒲

黄菖蒲虽然名字中带有菖蒲，但其实是鸢尾属的一种植物，它喜欢生活在湿地中，所以又被称为“水生鸢尾”。黄菖蒲的花黄色，外轮花被片有黑褐色的条纹，没有附属物。清水河校区湿地公园、图书馆北侧有分布。

五月 May

星期三

乙巳年 蛇

21

小满

2025年05月

五月 May

星期四

乙巳年 蛇

22

四月廿五

2025年05月

乌柿

乌柿是柿属的一个物种，乌柿的枝干有枝刺，小枝被柔毛，叶片薄革质，长圆状披针形。雄花为聚伞花序，雌花单生，白色，芳香；果球形，直径 1.5～3 厘米。清水河校区西湖北侧有分布。

五月 May

星期五

乙巳年 蛇

23

四月廿六

2025年05月

枸骨

枸骨，又名“猫儿刺”“鸟不宿”，冬青属植物。它的叶片十分奇特，四角状长圆形或卵形，有很硬的刺齿，和其红色的果实搭配在一起格外好看。清水河校区西湖湖心岛、科研楼B区南侧有分布。

五 月 May

星期六

乙巳年 蛇

24

四月廿七

2025 年 05 月

元宝槭

元宝槭的果实形状像倒放的元宝，叶片掌状 5 深裂，秋天会变成金黄色，甚是美丽。清水河校区东湖北侧有分布。

五月 May

星期日

乙巳年 蛇

25

四月廿八

2025年05月

荔枝草

荔枝草植株高度可达 1 米，花淡蓝紫色，全草可入药。它的茎被有灰白柔毛，叶片椭圆状卵形，轮伞花序组成总状或圆锥花序，密被柔毛，花萼钟形，小坚果倒卵球形。清水河及沙河校区草坪上有分布。

五月 May

星期一

乙巳年 蛇

26

四月廿九

2025年05月

细叶旱芹

细叶旱芹的花果和叶片均十分细小，其茎分枝较多，叶片3~4回羽状多裂，裂片线形，花白色，复伞形花序，果实圆心形。清水河及沙河校区草坪上有分布。

五月 May

星期二

乙巳年 蛇

27

五月

2025 年 05 月

五月 May

星期三

乙巳年 蛇

28

五月初二

2025年05月

银桦

银桦，高大似桦木，幼枝被锈色茸毛，叶背银色叶片 2 回羽状深裂，总状花序腋生，花橙色或黄褐色，果实卵状椭圆形。电子科技大学银桦餐厅的名字便是取自这一物种。清水河校区生态区有分布。

五月 May

星期四

乙巳年 蛇

29

五月初三

2025年05月

五月 May

星期五

乙巳年 蛇

30

五月初四

2025 年 05 月

海桐

海桐是一种绿篱植物，它的花朵香气是甜甜的茶香味。果实成熟后开裂，露出里面红色的种子，十分好看。海桐的叶片聚生在枝顶，革质，伞形或伞房花序生于枝顶，蒴果球形。清水河校区宿舍区的绿化带内、沙河校区西门东南侧有分布。

五月 May

星期六

乙巳年 蛇

31

端午节

2025年05月

CHENG DIAN HUA YU

成电花语

成电花影　岁月細语

六月

2025 June

农历乙巳年

蛇

鸢尾

蓝紫色的鸢尾花开满山坡，如梦如幻。细细的春雨过后，晶莹剔透的水珠在花瓣上划过，让花朵显得更为清新动人。鸢尾的外轮花被片有白色的鸡冠状附属物。清水河校区湿地公园西北侧、西湖东岸有分布。

六月 June

星期日

乙巳年 蛇

01

儿童节

2025年06月

六月 June

星期一

乙巳年 蛇

02 休

五月初七

2025 年 06月

木瓜

木瓜硕大的果实糖渍后可食用。它的小枝无刺，区别于毛叶木瓜（木瓜海棠）和皱皮木瓜（贴梗海棠），托叶膜质，花粉红色，单生，后于叶开放，萼片反折。清水河校区西湖西侧有分布。

六月 June

星期二

乙巳年 蛇

03

五月初八

2025 年 06月

桂南木莲

桂南木莲的芽和嫩枝有红褐色短毛，叶片革质，花梗细长，向下弯垂。外轮花被片常为绿色，质地较薄，两内轮花被片肉质，聚合果卵圆形。花叶可供观赏，木材可供建筑、家具使用。清水河校区学子餐厅西侧有分布。

六月 June

星期三

乙巳年 蛇

04

五月初九

2025年06月

石榴

石榴的叶翠绿，花大而鲜艳，果实色泽光亮。石榴树枝的顶端通常有尖锐的长刺，幼枝有棱角，叶片对生，秋天变为黄色、花红色或绿白色，浆果近球形，像金罍一样。清水河校区生态区、沙河校区主楼南侧有分布。

六月 June

星期四

乙巳年 蛇

05

芒种

2025年06月

黑荆

黑荆是速生鞣料树种，树皮含单宁量高，也可作为蜜源或观赏植物。它的叶片是2回羽状复叶，圆球形头状花序排成总状花序或圆锥花序，花淡黄色或白色，荚果被有短柔毛。清水河校区西湖东侧生态区、立人楼B区中央有分布。

六月 June

星期五

乙巳年 蛇

06

五月十一

2025年06月

六 月 June

星期六

乙巳年 蛇

07

五月十二

2025 年 06月

南天竹

南天竹树形优美，秋冬季红色的果子鲜艳美丽。南天竹是一种常绿小灌木，茎常丛生而少分枝，叶互生，3 回羽状复叶，圆锥花序，花白色，浆果球形。清水河校区银杏大道东侧、宿舍区的绿化带内，沙河校区西门东南侧有分布。

六月 June

星期日

乙巳年 蛇

08

五月十三

2025年06月

六月 June

星期一

乙巳年 蛇

09

五月十四

2025年06月

黑心菊

黑心菊全株被有刺毛，外侧的管状花黄色，中央的管状花紫黑色，瘦果四棱形。清水河校区学知苑一组团东侧绿地有分布。

六月 June

星期二

乙巳年 蛇

10

五月十五

2025 年 06月

六月 June

星期三

乙巳年 蛇

11

五月十六

2025 年 06月

蓝花楹

蓝花楹原产南美洲，树形优美，花朵艳丽。其花蓝紫色，开花时节繁花似锦，蔚为壮观。它的叶为2回羽状复叶，对生，花冠钟状，果圆形或长圆形，扁平，十分坚硬。清水河校区图书馆四周、宿舍区的绿化带内有分布。

六月 June

星期四

乙巳年 蛇

12

五月十七

2025 年 06月

六月 June

星期五

乙巳年 蛇

13

五月十八

2025年06月

雅榕

雅榕，从树干垂下的气生根可以独木成林。它的小枝无毛，叶边缘无锯齿，榕果球形，直径 4～5 毫米，榕果基部苞片早落，总柄长不及 5 毫米或没有总柄。清水河校区体育馆北侧、生态区，沙河校区主楼南侧有分布。

六月 June

星期六

乙巳年 蛇

14

五月十九

2025年06月

六月 June

星期日

乙巳年 蛇

15

父亲节

2025年06月

溪畔白千层

溪畔白千层，又名“黄金串钱柳”。它的叶片四季金黄，形似柳叶，但比柳叶更为细密。它的小枝柔弱下垂，叶互生，革质，穗状花序，花白色，蒴果。清水河校区生态区、沙河校区西门东南侧有分布。

六月 June

星期一

乙巳年 蛇

16

五月廿一

2025年06月

齿果酸模

齿果酸模为一年生草本植物，植株整体轻细弱，高度可达 70 厘米，它的果实边缘有明显的刺状齿，花两性，黄绿色，总状花序组成圆锥花序。清水河及沙河校区草坪上有分布。

六 月 June

星期二

乙巳年 蛇

17

五月廿二

2025年06月

六月 June

星期三

乙巳年 蛇

18

五月廿三

2025 年 06月

喜旱莲子草

喜旱莲子草，又名“革命草”“水花生”。喜旱莲子草的茎基部匍匐，叶片对生，头状花序单生于叶腋，花白色。清水河校区湿地公园有分布。

六月 June

星期四

乙巳年 蛇

19

五月廿四

2025 年 06月

日本珊瑚树

日本珊瑚树的树叶四季常青，有光泽，对有毒气体有很强的耐性和吸收能力，非常适合作为绿篱种植。日本珊瑚树的叶片倒卵状矩圆形，圆锥花序，核果成熟时为鲜红色。清水河校区游泳馆西侧、成电会堂西北侧有分布。

六月 June

星期五

乙巳年 蛇

20

五月廿五

2025年06月

巴天酸模

巴天酸模，又名“羊蹄”，它的根肥厚，基生叶长圆形，茎上部叶披针形，圆锥状花序顶生，瘦果，有3个尖锐的齿。清水河及沙河校区草坪上有分布。

六月 June

星期六

乙巳年 蛇

21

夏至

2025 年 06月

六月 June

星期日

乙巳年 蛇

22

五月廿七

2025 年 06月

浮萍

浮萍是池塘、水田中常见的野草。它是世界上最小的开花植物，花朵在显微镜下才能看清。浮萍的叶状体表面为绿色，背面为淡绿色或紫色，有一条细细的根，新的叶状体从叶背的小囊中长出。清水河及沙河校区水池中有分布。

六月 June

星期一

乙巳年 蛇

23

五月廿八

2025年06月

六月 June

星期二

乙巳年 蛇

24

五月廿九

2025年06月

葎草

葎草是荒地或水沟边常见的藤本植物，茎上有用于帮助攀爬的倒钩刺。葎草的果穗闻起来和啤酒花一样，也有一种清爽的香甜气息。葎草的叶片纸质，掌状深裂，雄花黄绿色，雌花序有白色绒毛。清水河及沙河校区草坪上有分布。

六月 June

星期三

乙巳年 蛇

25

六月

2025年06月

六月 June

星期四

乙巳年 蛇

26

六月初二

2025 年 06月

山槐

山槐属于合欢属，是一种落叶乔木，花似合欢，但为白色或黄色。它的枝条有短茸毛，2回羽状复叶，叶片上的腺体也密被黄褐色或灰白色的短茸毛，荚果带状、深棕色、很薄，种子倒卵圆形。清水河校区日晷旁有分布。

六月 June

星期五

乙巳年 蛇

27

六月初三

2025 年 06月

六月 June

星期六

乙巳年 蛇

28

六月初四

2025年06月

小蜡

小蜡是一种常见的绿篱植物，细细密密的白色小花，十分芳香。果实可以用来酿酒，树皮和叶片可入药。它的叶片纸质或薄革质，塔形花序，果实近球形，成熟时紫黑色。清水河校区西湖南侧、沙河校区风华餐厅西侧有分布。

六月 June

星期日

乙巳年 蛇

29

六月初五

2025年06月

梧桐

梧桐是制作乐器的良材，中国古代四大名琴之一的焦尾琴就是用梧桐木所制。梧桐的叶心形，掌状3～5裂，圆锥花序顶生，花淡黄绿色，蓇葖果成熟前开裂成叶状。种子圆球形，黑褐色，炒熟后可食用。清水河校区主楼的西北角有分布。

六月 June

星期一

乙巳年 蛇

30

六月初六

2025年06月

CHENG DIAN HUA YU

成电花语

成电花影 岁月细语

七月

2025 July

农历乙巳年 蛇

冬青卫矛

冬青卫矛，又名“大叶黄杨”，但它既不是冬青，也不是黄杨，而是卫矛科的一个物种，不过叶片与冬青的类似，而且四季常青。它的小枝具四棱，叶对生，革质，聚伞花序，花白绿色，蒴果近球形，假种皮橘红色。清水河校区宿舍区的绿化带内、沙河校区体育馆南侧有分布。

七月 July

星期二

乙巳年 蛇

01

建党节

2025年07月

绣球

绣球，又名“八仙花”，花大而繁盛，色彩丰富，有白色、粉色、红色、蓝色等品种，是一种美丽的庭院植物。绣球的叶片倒卵形，伞房状聚伞花序，花密集。清水河校区经管楼中央、宿舍区的绿化带内，沙河校区西门东南侧有分布。

七月 July

星期三

乙巳年 蛇

02

六月初八

2025 年 07 月

绣球

七月 July

星期四

乙巳年 蛇

03

六月初九

2025年07月

小梾木

小梾木通常生长在水边湿润的地方，它的花朵洁白素雅，叶片可入药。小梾木的叶片对生，纸质，伞房状聚伞花序，核果圆球形。清水河校区西湖东岸有分布。

七 月 July

星期五

乙巳年 蛇

04

六月初十

2025 年 07 月

七月 July

星期六

乙巳年 蛇

05

六月十一

2025年07月

茉莉花

茉莉花的叶片对生，纸质，聚伞花序顶生，花白色，果实球形。清水河校区宿舍区的绿化带内有分布。

七月 July

星期日

乙巳年 蛇

06

六月十二

2025 年 07 月

鸳鸯茉莉

鸳鸯茉莉，又名“二色茉莉”，花刚开放的时候是紫色，之后变为淡紫色，最后变为白色，虽不是茉莉，但香似茉莉，很适合作为盆景。鸳鸯茉莉的叶片互生，花单生或为聚伞花序，浆果。清水河校区宿舍区的绿化带内有分布。

七月 July

星期一

乙巳年 蛇

07

小暑

2025年07月

成电花影 岁月细语

七月 July

星期二

乙巳年 蛇

08

六月十四

2025年07月

三花莸

三花莸全株可入药。它的茎四棱，叶片卵形，对生，聚伞花序生于叶腋，蒴果。清水河校区图书馆北侧有分布。

七月 July

星期三

乙巳年 蛇

09

六月十五

2025年07月

七月 July

星期四

乙巳年 蛇

10

六月十六

2025年07月

木本曼陀罗

木本曼陀罗的花形似曼陀罗，但是更为巨大，而且下垂，香气十分浓郁，很适合孤植观赏。木本曼陀罗的叶片互生，花单生于叶腋，花冠漏斗状，浆果状蒴果。清水河校区宿舍区的绿化带内有分布。

七 月 July

星期五

乙巳年 蛇

11

六月十七

2025 年 07 月

七月 July

星期六

乙巳年 蛇

12

六月十八

2025年07月

棕竹

棕竹是南方一种常见的园林绿化树种，其叶片形似棕榈，茎类似竹子，故名棕竹。棕竹的茎圆柱形，有节，叶掌状，叶鞘具马尾状的网状纤维，佛焰苞管状，花单性，雌雄异株，浆果球形。清水河校区宿舍区的绿化带内有分布。

七月 July

星期日

乙巳年 蛇

13

六月十九

2025 年 07 月

七月 July

星期一

乙巳年 蛇

14

六月二十

2025 年 07 月

三裂蛇葡萄

三裂蛇葡萄不属于葡萄属，而属于蛇葡萄属，果实不能够食用。它的果实颜色多变，先由淡绿色变为粉紫色，之后变为深蓝紫色，好看又有趣。三裂蛇葡萄是一种木质藤本，叶片有3个小叶，卷须2～3叉分枝，果实近球形。清水河校区湿地公园有分布。

七月 July

星期二

乙巳年 蛇

15

六月廿一

2025年07月

七月 July

星期三

乙巳年 蛇

16

六月廿二

2025 年 07 月

五叶地锦

五叶地锦，又名“五叶爬山虎”，秋天叶片会变成美丽的鲜红色，是除地锦（爬山虎）和三叶地锦（三叶爬山虎）外的常见爬山虎之一。五叶地锦是一种木质藤本，卷须总状分枝，末端扩大为吸盘，圆锥状多歧聚伞花序，果实球形。清水河校区图书馆西侧有分布。

七月 July

星期四

乙巳年 蛇

17

六月廿三

2025年07月

七月 July

星期五

乙巳年 蛇

18

六月廿四

2025年07月

天竺葵

天竺葵原产非洲，花色十分丰富，有红色、橙色、粉色、白色等品种，是一种常见的观赏植物。它的叶片互生，圆形或肾形，有鱼腥味，伞形花序，蒴果。清水河校区四号科研楼东侧有分布。

七月 July

星期六

乙巳年 蛇

19

六月廿五

2025年07月

成电花影 岁月细语

七月 July

星期日

乙巳年 蛇

20

初伏

2025年07月

白英

白英的花淡紫色，果实成熟时为鲜红色，十分好看。白英是一种草质藤本，茎、小枝、叶片均有白色柔毛，叶片椭圆形，圆锥花序，浆果球形。清水河及沙河校区草坪、水边分布。

七月 July

星期一

乙巳年 蛇

21

六月廿七

2025年07月

七月 July

星期二

乙巳年 蛇

22

大暑

2025 年 07 月

竹叶子

竹叶子虽然名字带竹叶，但其实是鸭跖草科的物种。它的花洁白素雅，花丝纤细金黄，十分纯洁美丽。竹叶子的叶片心状卵圆形，蝎尾状聚伞花序聚集成圆锥花序，蒴果椭圆状三棱形。清水河校区湿地公园、沙河校区党委保卫处西侧有分布。

七月 July

星期三

乙巳年 蛇

23

六月廿九

2025 年 07 月

成电花影 岁月细语

七月 July

星期四

乙巳年 蛇

24

六月三十

2025年07月

扬子毛茛

扬子毛茛名中的“扬子”意为“长江”，指的是这一物种多分布在长江流域。扬子毛茛可入药。它的花瓣有5枚，黄色、有光泽，叶片为三出复叶，瘦果扁，斜倒卵圆形。清水河及沙河校区草坪上有分布。

七月 July

星期五

乙巳年 蛇

25

闰六月

2025年07月

成电花影 岁月细语

七月 July

星期六

乙巳年 蛇

26

闰六月初二

2025年07月

打破碗花花

打破碗花花是我国南方秋天一种美丽的野花，粉紫色的萼片大而鲜艳，金黄的雄蕊和白绿的雌蕊位于中央，姿色不亚于虞美人。它的果实成熟后像棉花一样，所以又称为“山棉花”。它的叶片由3片小叶组成，聚伞花序，只有萼片，没有花瓣，花托球形，瘦果。清水河校区西湖湖心岛有分布。

七月 July

星期日

27

乙巳年 蛇

闰六月初三

2025年07月

七月 July

星期一

乙巳年 蛇

28

闰六月初四

2025年07月

红睡莲

红睡莲是一种美丽的水生观赏植物，花朵粉红或玫瑰红色，傍晚会逐渐闭合，白天重新开放，仿佛睡了一觉。红睡莲叶片革质，近圆形，两面无毛，叶柄盾状着生，花浮于水面，有萼片，披针形，叶有辐射线，椭圆形或卵状椭圆形，浆果卵形或近球形，种子椭圆形。清水河校区东湖北侧有分布。

七月 July

星期二

乙巳年 蛇

29

闰六月初五

2025年07月

莲

莲属于莲科，而不是睡莲科。它的花朵中央有一个倒圆锥形的花托，或者称为“莲房”。莲的根茎肥厚，叶盾状圆形，伸出水面，花单生于花亭顶端，坚果黑褐色。每年毕业季，清水河校区西湖北侧的荷花池便开满了粉红色的莲花，非常适合拍毕业照。

七月 July

星期三

乙巳年 蛇

30

中伏

2025年07月

莲

七月 July

星期四

乙巳年 蛇

31

闰六月初七

2025年07月

成电花影 岁月细语

八月

2025 August

农历乙巳年

蛇

蛇莓

蛇莓像草莓一样匍匐生长，果实红艳，花黄色，全草可入药。它的叶片由3片小叶组成，花单生于叶腋，花托球形，瘦果卵圆。清水河及沙河校区草坪上有分布。

八 月 August

星期五

乙巳年 蛇

01

建军节

2025 年 08 月

八月 August

星期六

乙巳年 蛇

02

闰六月初九

2025年08月

序叶苎麻

序叶苎麻全草可入药。它是白面苎麻的一个变种，叶片互生，分枝较多，常雌雄异株，穗状花序单生于叶腋。清水河校区荷花池西侧有分布。

八月 August

星期日

乙巳年 蛇

03

闰六月初十

2025年08月

八月 August

星期一

乙巳年 蛇

04

闰六月十一

2025年08月

紫玉簪

紫玉簪是玉簪属一种美丽的观赏植物，它的花朵像紫玉做成的簪子，高雅而端庄。紫玉簪的叶基生，通常叶片的长是宽的两倍，花单生于花茎顶端，盛开时花被管逐渐扩大，常在夏秋季开放。清水河校区生态区有分布。

八月 August

星期二

乙巳年 蛇

05

闰六月十二

2025年08月

八月 August

星期三

乙巳年 蛇

06

闰六月十三

2025年08月

千屈菜

千屈菜是千屈菜科物种的代表，这一科的名字便是以它来命名的。千屈菜的花朵紫红繁密，是一种美丽的水生观赏植物。它的叶对生或者3片轮生，聚伞花序簇生。清水河校区荷花池边有分布。

八月 August

星期四

乙巳年 蛇

07

立秋

2025年08月

千屈菜

八月 August

星期五

乙巳年 蛇

08

闰六月十五

2025年08月

八月 August

星期六

乙巳年 蛇

09

末伏

2025年08月

长籽柳叶菜

长籽柳叶菜是一种柳叶菜属的植物，不过它的叶片和花都比较小，种子较长，区别于柳叶菜。清水河校区湿地公园东侧有分布。

八月 August

星期日

乙巳年 蛇

10

闰六月十七

2025年08月

八月 August

星期一

乙巳年 蛇

11

闰六月十八

2025年08月

蚕茧草

蚕茧草的花朵洁白如蚕茧，全草可入药。它的叶片近薄革质，披针形，穗状花序，瘦果卵形。清水河校区湿地公园有分布。

八月 August

星期二

乙巳年 蛇

12

闰六月十九

2025年08月

八月 August

星期三

乙巳年 蛇

13

闰六月二十

2025年08月

野生金荞麦

野生金荞麦是国家二级保护野生植物，花朵洁白美丽，块根可入药。金荞麦的茎有纵棱，叶片三角形，托叶鞘边缘无毛，伞房状花序，瘦果宽卵形。清水河及沙河校区草地上有分布。

八月 August

星期四

乙巳年 蛇

14

闰六月廿一

2025年08月

八月 August

星期五

乙巳年 蛇

15

闰六月廿二

2025年08月

灯笼草

灯笼草植株高达 1 米，叶片卵形，轮伞花序组成圆锥花序，花朵紫红色，坚果褐色。清水河及沙河校区草坪上有分布。

八月 August

星期六

乙巳年 蛇

16

闰六月廿三

2025 年 08 月

五月艾

五月艾的植株有很浓郁的香味，可以用作艾草的代用品。它没有像蒲公英一样鲜艳的舌状花，而只有管状花，头状花序形成圆锥花序或穗形总状花序。清水河及沙河校区草坪上有分布。

八月 August

星期日

乙巳年 蛇

17

闰六月廿四

2025年08月

八月 August

星期一

乙巳年 蛇

18

闰六月廿五

2025年08月

翅果菊

翅果菊是莴苣属的一种植物。翅果菊的头状花序组成圆锥花序，舌状花黄色，瘦果椭圆形。清水河及沙河校区草坪上有分布。

八月 August

星期二

19

乙巳年 蛇

出伏

2025年08月

八月 August

星期三

乙巳年 蛇

20

闰六月廿七

2025年08月

水芹

水芹虽不与芹菜（旱芹）属于同一属，但也可以作为蔬菜食用，不过它与能引起中毒的毒芹比较相似，不建议在野外进行采食。水芹的叶片2～3回羽裂，小白花组成复伞形花序，十分好看，果实卵圆形。清水河校区湿地公园有分布。

八月 August

星期四

乙巳年 蛇

21

闰六月廿八

2025年08月

麦冬

麦冬在我国有悠久的栽培历史，它的块根是一种常见的中药材。麦冬的果实非常漂亮，一颗颗果实像青金石做成的小珠子，藏在长长的叶片之下，等待着有心人去发现。它淡紫色的花被片在开放时仅稍稍张开，总状花序短于叶片。清水河校区学生活动中心东西两侧有分布。

八月 August

星期五

乙巳年 蛇

22

闰六月廿九

2025年08月

八月 August

星期六

乙巳年 蛇

23

处暑

2025年08月

山麦冬

山麦冬与麦冬一样，都是常见的地被植物，不过山麦冬属于山麦冬属，麦冬属于沿阶草属。两者的一个显著区别是山麦冬的花序通常长于叶片，而麦冬则刚好相反。花淡紫色，果实成熟时为黑色。清水河校区湿地公园东侧、沙河校区第二教学楼北侧有分布。

八月 August

星期日

乙巳年 蛇

24

七月初二

2025年08月

八月 August

星期一

乙巳年 蛇

25

七月初三

2025年08月

凤眼莲

凤眼莲，又名“凤眼蓝”“水葫芦”，花朵蓝紫色，上部花被片有一形似凤眼的圆斑，非常美丽。凤眼莲早先被作为家畜饲料引入国内，不仅可以入药，还可以用来净化水中的重金属物质。它的叶片基生，叶柄膨大，形似葫芦。清水河校区东湖北侧有分布。

八月 August

星期二

乙巳年 蛇

26

七月初四

2025年08月

兰花美人蕉

兰花美人蕉的叶片绿色，总状花序，花明黄色，有许多橘黄色的斑点，常在夏秋季开花。清水河校区宿舍区的绿化带内有分布。

八月 August

星期三

乙巳年 蛇

27

七月初五

2025年08月

花叶金脉美人蕉

花叶金脉美人蕉因部分叶脉为金色而得名，既可观花，又可观叶。它的花序总状，花橙黄色，没有斑点，花期在夏秋季。清水河校区西湖观景台、荷花池东西两侧有分布。

八月 August

星期四

乙巳年 蛇

28

七月初六

2025年08月

八月 August

星期五

乙巳年 蛇

29

七夕节

2025年08月

山桃草

山桃草的花形似桃花，但是比桃花少一瓣，既有白色的品种，又有红色的品种。它的叶片无柄，长穗状花序，蒴果。清水河校区主楼南侧有分布。

八月 August

星期六

乙巳年 蛇

30

七月初八

2025年08月

戟叶堇菜

戟叶堇菜是一种美丽的野花，淡紫色的花朵如同蝴蝶一般。戟叶堇菜的托叶合生，叶锯齿不明显，叶基部下延，楔形。清水河及沙河校区草坪上有分布。

八月 August

星期日

乙巳年 蛇

31

七月初九

2025年08月

体育场
品学楼
众创空间
Dormitory Courtyards

成电花影 岁月细语

九月

2025 September

农历乙巳年

蛇

桃

桃的品种繁多，依地理分布并结合其生物特性、形态、特征，可分为北方桃、南方桃、黄桃、蟠桃和油桃5个品种群。清水河校区体育馆北侧校友林有分布。

九月 September

星期一

乙巳年 蛇

01

七月初十

2025年09月

九月 September

星期二

乙巳年 蛇

02

七月十一

2025年09月

贴梗海棠

贴梗海棠，又名“皱皮木瓜”，是“海棠四品”之一，因果实表皮有褶皱而得名。清水河校区西湖南侧、宿舍区的绿化带内有分布。

九月 September

星期三

乙巳年 蛇

03

七月十二

2025年09月

九月 September

星期四

乙巳年 蛇

04

七月十三

2025 年 09 月

蓝蓟

蓝蓟是一种美丽的观赏植物，花色主要为蓝色或蓝紫色。它的茎被有长硬毛和短伏毛，基生叶及茎下部叶较大，线状披针形，茎上部叶较小，披针形，花冠斜钟状。清水河校区学知苑一组团东侧绿地有分布。

九月 September

星期五

乙巳年 蛇

05

七月十四

2025年09月

蓝蓟

九月 September

星期六

乙巳年 蛇

06

中元节

2025 年 09 月

墨西哥鼠尾草

墨西哥鼠尾草的花紫红色，毛茸茸的，不是薰衣草，但如薰衣草一般梦幻。它的全株都有柔毛，叶片披针形，穗状花序。清水河校区四号科研楼C区东南侧有分布。

九 月 September

星期日

乙巳年 蛇

07

白露

2025 年 09 月

九月 September

星期一

乙巳年 蛇

08

七月十七

2025年09月

葱莲

葱莲的叶片中空，像葱叶一样，金黄的花药配着洁白的花瓣，清新而素雅。它的鳞茎卵形，柱头3裂，蒴果近球形，通常在秋季开花。清水河校区宿舍区的绿化带内有分布。

九月 September

星期二

乙巳年 蛇

09

七月十八

2025年09月

柞木

柞木，常绿乔木或灌木，树形优美，秋天紫黑色的果实挂满枝头，十分好看。柞木不仅可供庭院观赏，同时也是良好的蜜源植物。木材可做家具，叶、刺可供药用。清水河校区湿地公园东侧有分布。

九月 September

星期三

乙巳年 蛇

10

教师节

2025年09月

九月 September

星期四

乙巳年 蛇

11

七月二十

2025 年 09 月

南紫薇

南紫薇是紫薇属的另一个物种，它虽然没有紫薇那么大而艳丽的花，但却拥有秋日里迷人的彩叶，是校园里仅次于银杏的那一抹金黄。南紫薇的花萼长不足5毫米，花萼内面有环带，小枝圆柱状。清水河校区西湖西侧有分布。

九月 September

星期五

乙巳年 蛇

12

七月廿一

2025 年 09 月

九月 September

星期六

乙巳年 蛇

13

七月廿二

2025年09月

紫薇

紫薇是一种落叶小乔木，秋天叶片会变成橙黄色，树皮平滑，花淡红、紫色或白色，圆锥花序，蒴果，成熟时紫黑色。清水河校区主楼北侧、科研楼 B 区东侧，沙河校区西门东南侧有分布。

九月 September

星期日

乙巳年 蛇

14

七月廿三

2025年09月

九月 September

星期一

乙巳年 蛇

15

七月廿四

2025年09月

紫萼蝴蝶草

紫萼蝴蝶草的花有蓝紫色和黄色的斑块，如同蝴蝶一般美丽。它的叶片卵形，伞形花序顶生，花萼具5翅，稍带紫红色，花冠淡黄色或米白色。清水河校区湿地公园东侧、西湖东侧有分布。

九月 September

星期二

乙巳年 蛇

16

七月廿五

2025年09月

成电花影 岁月细语

九月 September

星期三

乙巳年 蛇

17

七月廿六

2025 年 09 月

月季花

中国是月季花的原产地，早在汉朝时，宫苑中就种植了大量月季，《本草纲目》《群芳谱》中也有对月季的记载。月季花的小枝近无毛，有短粗钩状皮刺或无刺。清水河校区四号科研楼东侧、沙河校区体育馆西侧有分布。

九月 September

星期四

乙巳年 蛇

18

七月廿七

2025年09月

九月 September

星期五

乙巳年 蛇

19

七月廿八

2025年09月

柚

柚，又名“大麦柑”，秋天成熟，为长江以南各省份的常见水果。柚的花极香，叶、花和果皮都含有与香橼和柠檬类大致相同的芳香油，果实既有球形又有梨形。柚的叶片同柑橘属大多数物种一样，是单身复叶，在顶部的大叶片下有着小小的冀叶，十分奇特。清水河校区图书馆北侧、东湖西侧有分布。

九月 September

星期六

乙巳年 蛇

20

七月廿九

2025 年 09 月

九月 September

星期日

乙巳年 蛇

21

七月三十

2025 年 09 月

美人梅

美人梅是紫叶李和重瓣粉型梅花的杂交品种，它既有梅花漂亮的花朵，又有终年紫红的叶子，集两个物种的优良性状于一身。美人梅的花瓣一般是粉色，花大，区别于紫叶李；花药红色，花梗较长，区别于梅花。清水河校区生态区、银桦餐厅西北侧有分布。

九月 September

星期一

乙巳年 蛇

22

八月

2025年09月

九月 September

星期二

乙巳年 蛇

23

秋分

2025年09月

菜豆树

菜豆树，又名“幸福树”，其果荚形似菜豆。它的树形十分美观，通常被制作成盆景。它在自然生长的条件下可以长到10米高。菜豆树的叶为2回羽状复叶，花冠较大，长6～8厘米，白色或淡黄色，蒴果细长，长达80多厘米。清水河校区宿舍区的绿化带内有分布。

九月 September

星期三

乙巳年 蛇

24

八月初三

2025年09月

九月 September

星期四

乙巳年 蛇

25

八月初四

2025 年 09 月

假酸浆

假酸浆，又名“冰粉”，植株高度可达 1.5 米，它的种子就是手搓冰粉的原料冰粉籽。假酸浆的果实跟小酸浆十分相似，但假酸浆的浆果只被包裹了一半，下部有一个很大的口子，而小酸浆的浆果则被包裹得严严实实。清水河及沙河校区草坪上有分布。

九 月 September

星期五

乙巳年 蛇

26

八月初五

2025年09月

九月 September

星期六

乙巳年 蛇

27

八月初六

2025年09月

十大功劳

十大功劳——小檗科植物，全株可供药用。十大功劳的花金黄色，果实最初淡绿色，之后粉紫色，最后变成深蓝紫色，十分好看。其叶倒卵形或倒卵状披针形，总状花序簇生，浆果球形，被白粉。清水河校区宿舍区的绿化带内有分布。

九月 September

星期日

乙巳年 蛇

28

班

八月初七

2025年09月

成电花影 岁月细语

九月 September

星期一

乙巳年 蛇

29

八月初八

2025 年 09 月

火棘

火棘，又名“救军粮”，秋天火红的果实挂满枝头，像小山楂一样，是鸟儿们非常喜欢的食物。将果实磨成粉后也可以作为应急的食品。清水河校区西湖的湖心岛上种植了好几株火棘，果实成熟的时候像红色的瀑布一样，下垂到湖面上。

九月 September

星期二

乙巳年 蛇

30

八月初九

2025年09月

CHENG DIAN HUA YU

成电花语

成电花影　岁月细语

十月

2025 October

农历乙巳年

蛇

白车轴草

白车轴草，又名“白三叶草”，蛋白质和矿物质含量十分丰富，是一种优质的牧草，也可以作为绿肥或者地被。它的叶片中间有一圈白色的条纹，花序球形，花白色或淡红色，荚果长圆形。清水河校区湿地公园东侧、宿舍区的绿化带内，沙河校区主楼北侧有分布。

十月 October

星期三

乙巳年 蛇

01

休

国庆节

2025 年 10 月

杜英

杜英是一种美丽的观赏树种，流苏状的花朵纯白而茂盛，通常在毕业季开放，金刚菩提子就是用与其同属的圆果杜英的种子做的。清水河校区主楼东南侧、沙河校区通信楼北侧有分布。

十月 October

星期四

乙巳年 蛇

02 休

八月十一

2025年10月

成电花影 岁月细语

十月 October

星期五

乙巳年 蛇

03

休

八月十二

2025年10月

斑茅

斑茅，又名“巴茅”，在我国南方十分常见，虽然属于甘蔗属，但它的秆却没有甜味。斑茅通常丛生，叶舌膜质，叶片线状披针形，圆锥花序大型，小枝分枝2～3回，柱头紫黑色，颖果长圆形。清水河校区西湖拱桥西南侧有分布。

十月 October

星期六

乙巳年 蛇

04

八月十三

2025 年 10 月

半边莲

半边莲的花瓣淡粉色，全都偏向一边，像缺了一半一样，十分有趣，全草可入药。它的叶片互生，花单生于叶腋，蒴果倒锥形。清水河及沙河校区湿润草坪上有分布。

十月 October

星期日

乙巳年 蛇

05

八月十四

2025 年 10 月

碧冬茄

碧冬茄，又名“矮牵牛”，看起来像牵牛花一样，却是实打实的茄科植物。碧冬茄的叶片卵形，花单生于叶腋，花冠漏斗状，蒴果圆锥状。清水河校区主楼南侧有分布。

十月 October

星期一

乙巳年 蛇

06

休

中秋节

2025年10月

翠菊

翠菊的花朵娇艳可爱，不管是紫色、粉色还是白色，都有一番独特的韵味。翠菊的茎被有白色糙毛，茎生叶卵形或菱状披针形，头状花序单生于枝顶，位于中央的管状花黄色。清水河校区学知苑一组团东侧草坪上有分布。

十月 October

星期二

乙巳年 蛇

07 休

八月十六

2025年10月

十月 October

星期三

乙巳年 蛇

08

休

寒露

2025年10月

大花美人蕉

大花美人蕉的叶片绿色，总状花序，花朵没有斑点，有红色、淡黄色等品种。清水河校区荷花池西侧、品学楼 B 区南侧有分布。

十 月 October

星期四

乙巳年 蛇

09

八月十八

2025 年 10 月

大蝎子草

大蝎子草叶片像蝎子一样，浑身都长有刺，一副不好惹的样子。它的花雌雄异株或同株，生于叶腋，雌花序位于茎上部，雄花序位于茎下部，总状或近圆锥状，瘦果。清水河校区体育场西侧有分布。

十月 October

星期五

乙巳年 蛇

10

八月十九

2025 年 10 月

十月 October

星期六

乙巳年 蛇

11

班

八月二十

2025年10月

鹅掌藤

鹅掌藤可入药。它的叶片倒卵状长圆形，伞形花序，花白色，果实近球形，橙黄色。清水河校区宿舍区的绿化带内有分布。

十月 October

星期日

乙巳年 蛇

12

八月廿一

2025年10月

十月 October

星期一

13

2025 年 10 月

乙巳年 蛇

八月廿二

番茄

番茄植株密被黏质腺毛，用来抵御细菌和害虫的侵扰，叶片为羽状复叶或羽状深裂，花萼宿存，花冠黄色，浆果近球状，肉质多汁。清水河及沙河校区的草坪上有分布。

十月 October

星期二

乙巳年 蛇

14

八月廿三

2025年10月

十月 October

星期三

乙巳年 蛇

15

八月廿四

2025年10月

狗尾草

狗尾草的花序毛茸茸的，像狗尾巴一样，十分可爱。“良莠不齐”中的“莠”指的就是狗尾草。清水河及沙河校区草坪上有分布。

十月 October

星期四

乙巳年 蛇

16

八月廿五

2025年10月

十月 October

星期五

乙巳年 蛇

17

八月廿六

2025年10月

北京铁角蕨

北京铁角蕨是我国常见的一种蕨类植物，喜欢生活在岩石上。北京铁角蕨的叶片簇生，2～3回羽裂，孢子囊群近椭圆形，位于叶片小羽片中部。清水河及沙河校区岩石上有分布。

十月 October

星期六

乙巳年 蛇

18

八月廿七

2025年10月

十月 October

星期日

乙巳年 蛇

19

八月廿八

2025年10月

旱金莲

旱金莲因花朵橘黄、叶片形似荷叶而得名，是一种良好的庭园观赏植物。它的枝叶蔓生，花朵杯状，果实扁球形。清水河校区宿舍区的绿化带内有分布。

十月 October

星期一

乙巳年 蛇

20

八月廿九

2025年10月

圆叶牵牛

圆叶牵牛与牵牛一样，都是美丽的观赏植物，不过圆叶牵牛的叶片没有裂片，区别于牵牛。圆叶牵牛的叶心形或宽卵状心形，花腋生，单花或伞形聚伞花序，蒴果近球形，种子卵状三棱形。清水河及沙河校区草坪上有分布。

十月 October

星期二

乙巳年 蛇

21

九月

2025 年 10 月

十月 October

星期三

乙巳年 蛇

22

九月初二

2025 年 10 月

黄秋英

黄秋英，又名“硫黄菊”，是秋英属的一种观赏植物，花通常为黄色或橘红色，区别于秋英。它的叶片对生，2回羽状复叶深裂，裂片宽于秋英，瘦果棕褐色。清水河校区学知苑一组团东侧草坪上有分布。

十月 October

星期四

乙巳年 蛇

23

霜降

2025 年 10 月

细叶美女樱

细叶美女樱是一种美丽的观赏植物，花色丰富，有白色、粉色、蓝紫色等，适合用于花境中。细叶美女樱的茎四棱，叶片对生，2回羽状深裂，穗状花序，蒴果。清水河校区湿地公园东侧草坪上有分布。

十月 October

星期五

乙巳年 蛇

24

九月初四

2025年10月

十月 October

星期六

乙巳年 蛇

25

九月初五

2025 年 10 月

狐尾藻

狐尾藻是我国南方河流、水塘里常见的水生植物，可以用作观赏，也可以作为养猪、养鸭的饲料。清水河校区湿地公园有分布。

十月 October

星期日

乙巳年 蛇

26

九月初六

2025 年 10 月

十月 October

星期一

27

乙巳年 蛇

九月初七

2025 年 10 月

木芙蓉

木芙蓉，又名“芙蓉花”，花大色丽，是成都市的市花，“蓉城”一名便是由此而来。木芙蓉的花初开时为纯白色，之后变为粉红色，最后整朵花就变成了深红色，十分有趣。清水河校区学子餐厅南侧、东湖西侧有分布。

十月 October

星期二

乙巳年 蛇

28

九月初八

2025年10月

牛膝菊

牛膝菊的茎被有贴伏的柔毛，叶片对生、卵形，舌状花白色，管状花黄色，头状花序组成伞房状花序。清水河及沙河校区草坪上有分布。

十月 October

星期三

乙巳年 蛇

29

重阳节

2025年10月

十月 October

星期四

乙巳年 蛇

30

九月初十

2025年10月

翅果菊

翅果菊是莴苣属的一种植物。翅果菊的头状花序组成圆锥花序，舌状花黄色，瘦果椭圆形。清水河及沙河校区草坪上有分布。

十月 October

星期五

乙巳年 蛇

31

九月十一

2025年10月

CHENG DIAN HUA YU

成电花语

成电花影 岁月细语

十一月

2025 November

农历乙巳年

蛇

八角金盘

八角金盘因其叶片大多有8个角而得名。八角金盘的叶片革质，伞状花序聚集成圆锥花序，顶生，花瓣黄白色，果实近球形，黑色。清水河校区西湖西侧、立人楼北侧，沙河校区第一教学楼西侧有分布。

十一月 November

星期六

乙巳年

蛇

01

九月十二

2025年11月

十一月 November

星期日

乙巳年 蛇

02

九月十三

2025年11月

臭牡丹

臭牡丹的小枝比较圆，有明显的皮孔，叶片宽卵形，伞房状聚伞花序，花朵紫红色，核果蓝紫色。清水河校区西湖南侧有分布。

十一月 November

星期一

乙巳年 蛇

03

九月十四

2025年11月

萼距花

萼距花与紫薇一样，属于千屈菜科，它的花就像是缩小版的紫薇花，但与紫薇并不属于同一个属。萼距花开花的时候细细密密的小紫花点缀在绿叶上，有种小清新的感觉。清水河校区宿舍区的绿化带内、沙河校区体育馆南侧有分布。

十一月 November

星期二

乙巳年 蛇

04

九月十五

2025年11月

十一月 November

星期三

乙巳年 蛇

05

九月十六

2025年11月

藿香蓟

藿香蓟的叶片对生、卵形，花冠为淡紫色，头状花序组成伞状花序，花果期全年。清水河及沙河校区草坪上有分布。

十一月 November

星期四

乙巳年 蛇

06

九月十七

2025年11月

十一月 November

星期五

乙巳年 蛇

07

立冬

2025年11月

菱叶凤仙花

菱叶凤仙花是四川特有的物种，金黄色的花朵在水边开成一片，把整个湿地公园都染成了金色，吸引蜂、蝶纷飞，好不热闹。清水河校区湿地公园有分布。

十一月 November

星期六

乙巳年 蛇

08

九月十九

2025年11月

龙牙花

龙牙花，又名“象牙红”“珊瑚刺桐”，原产南美洲。太阳鸟等小型鸟类十分喜欢吸食它的花蜜。清水河校区生态区、西湖北侧，沙河校区第三教学楼北侧有分布。

十一月 November

星期日

乙巳年 蛇

09

九月二十

2025 年 11 月

十一月 November

星期一

乙巳年 蛇

10

九月廿一

2025年11月

少花龙葵

少花龙葵的果实十分光亮，其萼片，也就是黑色果实上面的叶状结构向上反曲，每个小裂片呈卵状披针形。少花龙葵几乎全年都在开花结果。清水河及沙河校区草坪上有分布。

十一月 November

星期二

乙巳年 蛇

11

九月廿二

2025年11月

十一月 November

星期三

乙巳年 蛇

12

九月廿三

2025年11月

双荚决明

双荚决明虽然属于决明属，但种子却不能作为决明子用。它的花大，多而繁盛，是良好的观赏植物。因其根部有能固氮的根瘤，所以与其他植物种植在一起可以起到增肥的作用，被称为“绿肥”。清水河校区西湖北侧有分布。

十一月 November

星期四

乙巳年 蛇

13

九月廿四

2025年11月

香附子

香附子的匍匐根状茎很长，块茎椭圆形，可入药。香附子的叶短于杆，叶状苞片长于花序，3～10个穗状花序组成聚伞花序，小穗线形。清水河及沙河校区草地上可见。

十一月 November

星期五

乙巳年 蛇

14

九月廿五

2025年11月

十一月 November

星期六

乙巳年 蛇

15

九月廿六

2025年11月

野菊

野菊金黄的花朵鲜艳夺目，香气袭人。它的花、叶可入药，头状花序排成伞房状花序。清水河校区西湖湖心岛有分布。

十一月 November

星期日

乙巳年 蛇

16

九月廿七

2025年11月

十一月 November

星期一

乙巳年 蛇

17

九月廿八

2025年11月

银杏

银杏是我国特有的孑遗植物，素有“活化石”之称。电子科技大学是成都市久负盛名的银杏观赏地，沙河校区与清水河校区有3000多株银杏，每年11月到12月期间，校园地面上铺满金黄的银杏叶，前来拍照留念的游人络绎不绝。

十一月 November

星期二

乙巳年 蛇

18

九月廿九

2025 年 11 月

银杏

十一月 November

星期三

乙巳年 蛇

19

九月三十

2025年11月

银杏

十一月 November

星期四

乙巳年 蛇

20

十月

2025年11月

十一月 November

星期五

乙巳年 蛇

21

十月初二

2025年11月

爵床

爵床植株高度可达 50 厘米，全草可入药。爵床的茎基部匍匐，叶片椭圆形，穗状花序，花冠粉红色，蒴果。清水河及沙河校区草坪上有分布。

十一月 November

星期六

乙巳年 蛇

22

小雪

2025 年 11 月

十一月 November

星期日

乙巳年 蛇

23

十月初四

2025 年 11 月

长叶胡颓子

长叶胡颓子果实富含糖类和有机酸，不仅可以用来制作果汁、果脯和果酱，还可以用来酿酒。长叶胡颓子在四川、贵州等省份有比较广泛的分布。清水河校区生态区有分布。

十一月 November

星期一

乙巳年 蛇

24

十月初五

2025年11月

十一月 November

星期二

乙巳年 蛇

25

十月初六

2025年11月

紫苏

紫苏，又名“苏麻”，叶片有一种奇特的香气，可用作香料或者蔬菜，也可入药。紫苏的茎密被长柔毛，叶片宽卵形，轮伞总状花序，小坚果近球形。清水河校区西湖东南两侧有分布。

十一月 November

星期三

乙巳年 蛇

26

十月初七

2025 年 11 月

蚊母树

蚊母树的叶片上经常长有一些紫红色的空心小疙瘩，这些小疙瘩其实是虫瘿，它是由瘿蚜刺破幼叶后导致细胞异常分裂分化形成的。作为一种四季常绿的树种，蚊母树近年来被广泛种植于园林中。清水河校区湿地公园北侧有分布。

十一月 November

星期四

乙巳年 蛇

27

十月初八

2025年11月

蚊母树

十一月 November

星期五

乙巳年 蛇

28

十月初九

2025年11月

十一月 November

星期六

乙巳年 蛇

29

十月初十

2025年11月

枇杷

枇杷的花洁白芳香，闻起来有一种奶油蛋糕的香甜气息。它的叶片革质，叶下部密被灰棕色的绒毛，圆锥花序。清水河校区生态区、沙河校区基础与前沿研究院东侧有分布。

十一月 November

星期日

乙巳年 蛇

30

十月十一

2025年11月

十二月

成电花影　岁月细语

2025 December

农历乙巳年

蛇

阴香

阴香是南方一种常见的樟科行道树，它的树皮可以作为肉桂皮的替代品，叶片可作为月桂树叶的替代品，木材也可用于制作上等家具。清水河校区学生活动中心南侧有分布。

十二月 December

星期一

乙巳年 蛇

01

十月十二

2025年12月

十二月 December

星期二

乙巳年 蛇

02

十月十三

2025 年 12 月

棕叶狗尾草

棕叶狗尾草与常见的狗尾草不太一样，它的叶片、花序均比较宽大，而且是多年生草本植物。它的叶片有纵深皱褶，圆锥花序塔形。清水河校区生态区有分布。

十二月 December

星期三

乙巳年 蛇

03

十月十四

2025年12月

成电花影 岁月细语

十二月 December

星期四

乙巳年 蛇

04

下元节

2025年12月

茶梅

茶梅有深红色、粉红色和白色的品种，它的嫩枝有毛，区别于山茶和单体红山茶。清水河校区五号科研楼南侧、宿舍区的绿化带内有分布。

十二月 December

星期五

乙巳年 蛇

05

十月十六

2025年12月

成电花影 岁月细语

十二月 December

星期六

乙巳年 蛇

06

十月十七

2025年12月

单体红山茶

单体红山茶的嫩枝无毛，叶片边缘有略钝的细锯齿，花粉红色或白色，顶生，蒴果宽3厘米，果爿厚3～4厘米。清水河校区生态区有分布。

十二月 December

星期日

乙巳年 蛇

07

大雪

2025 年 12 月

单体红山茶

十二月 December

星期一

乙巳年 蛇

08

十月十九

2025 年 12 月

海芋

海芋，又名“滴水观音”，是一种美丽的观叶植物。海芋的果实成熟后为鲜艳的红色，肉穗状花序，有香气，包裹在花序外的是一片巨大的佛焰苞，四季均可开花。清水河校区宿舍区的绿化带内有分布。

十二月 December

星期二

乙巳年 蛇

09

十月二十

2025年12月

十二月 December

星期三

乙巳年 蛇

10

十月廿一

2025年12月

马缨丹

马缨丹，又名“五色梅”，是一种美丽的庭园观赏植物。它的花色多变，初开时为黄色，之后又由橘黄色变为深红色，几乎全年都在开花，其茎上常有倒钩状的刺，叶片卵形，果实球形，紫黑色。清水河校区宿舍区的绿化带内有分布。

十二月 December

星期四

11

乙巳年 蛇

十月廿二

2025年12月

十二月 December

星期五

乙巳年 蛇

12

十月廿三

2025年12月

蜡梅

蜡梅，又名“腊梅”，因其花瓣蜡质且香浓似梅而得名，常在腊月开放。冬日里将蜡梅切花放在室内，不一会儿香气便会充满整个房间。清水河校区和沙河校区的主楼北侧均有分布。

十二月 December

星期六

乙巳年 蛇

13

十月廿四

2025年12月

蜡梅

十二月 December

星期日

乙巳年 蛇

14

十月廿五

2025 年 12 月

十二月 December

星期一

乙巳年 蛇

15

十月廿六

2025年12月

芒

芒通常被用作观赏植物或者造纸原料。芒的叶舌膜质，圆锥花序，小穗披针形，有丝状毛，第二外稃短于第一外稃，有长约 1 厘米的芒，颖果暗紫色。清水河校区荷花池西侧有分布。

十二月 December

星期二

乙巳年 蛇

16

十月廿七

2025年12月

十二月 December

星期三

乙巳年 蛇

17

十月廿八

2025年12月

千里光

千里光是菊科一种美丽的野生植物，开花时如金光般灿烂，绵延千里，所以得名千里光。千里光的叶片卵状披针形，复聚伞圆锥花序，舌状花黄色，瘦果圆柱形。清水河校区湿地公园的水边有生长。

十二月 December

星期四

乙巳年 蛇

18

十月廿九

2025年12月

十二月 December

星期五

乙巳年 蛇

19

十月三十

2025年12月

渐尖毛蕨

渐尖毛蕨叶片上被有糙毛，小裂片顶端逐渐变尖，叶为2回羽裂；孢子囊群圆形，生于侧脉中部，囊群盖呈棕色。清水河及沙河校区草坪上有分布。

十二月 December

星期六

乙巳年 蛇

20

冬月

2025年12月

十二月 December

星期日

乙巳年 蛇

21

冬至

2025 年 12 月

铁苋菜

铁苋菜，又名“海蚌含珠”，因叶片形似苋菜，茎铁红色，果实长在蚌壳形的苞片里而得名。清水河及沙河校区草坪上有分布。

十二月 December

星期一

乙巳年 蛇

22

冬月初三

2025年12月

十二月 December

星期二

乙巳年 蛇

23

冬月初四

2025 年 12 月

叶子花

叶子花，又名“三角梅”。开花时，红色的部分不是花瓣，而是一种叫作苞片的结构，中间一朵一朵黄色的才是它的花。清水河校区宿舍区的绿化带内、沙河校区教材管理中心周围有分布。

十二月 December

星期三

乙巳年 蛇

24

冬月初五

2025年12月

十二月 December

星期四

乙巳年 蛇

25

冬月初六

2025 年 12 月

野茼蒿

野茼蒿虽然与茼蒿不属于同一个属，但它的嫩叶同样可以食用。它的叶片椭圆形，头状花序排成伞房状花序，瘦果窄圆柱形，花冠橙红色，冠毛白色，绢毛状。清水河及沙河校区草坪上有分布。

十二月 December

星期五

乙巳年 蛇

26

冬月初七

2025年12月

成电花影 岁月细语

十二月 December

星期六

乙巳年 蛇

27

冬月初八

2025 年 12 月

木贼

木贼是一种长相奇特的蕨类植物，像笔管一样，高度可达 1 米，主枝很少分枝，叶片很小，形如鳞片，在节上合生为筒状的叶鞘。清水河及沙河校区草坪上有分布。

十二月 December

星期日

乙巳年 蛇

28

冬月初九

2025 年 12 月

成电花影 岁月细语

十二月 December

星期一

乙巳年 蛇

29

冬月初十

2025年12月

紫背金盘

紫背金盘全草可入药。紫背金盘的茎常直立，叶纸质，阔椭圆形或倒卵状椭圆形，花期时通常无基生叶，轮伞花序向上密集成穗状花序，花冠淡蓝色或蓝紫色，小坚果卵状三棱形。清水河及沙河校区草坪上有分布。

十二月 December

星期二

乙巳年 蛇

30

二九天

2025年12月

鱼眼草

鱼眼草，又名“馒头草”，因头状花序形似鱼眼而得名。鱼眼草的叶片卵形，边缘有重粗锯齿或缺刻状，头状花序，组成伞房状或伞房状圆锥花序，外围雌花紫色，中央两性花黄绿色，瘦果倒披针形。清水河及沙河校区草坪上有分布。

十二月 December

星期三

31

乙巳年 蛇

冬月十二

2025 年 12 月

致谢

本书的内容及图片均精选自《河畔花语》一书。

在此，我们特别感谢为《河畔花语》一书付出辛勤努力的编委成员和图片提供者。

本书的成书过程中，电子科技大学出版社的段勇、韩昊、解梦淘、唐宁、郑宇虹和谢菁等老师也做了很多工作，倾注了大量心血。

在此，我们向所有为本书付出的人员表示最诚挚的感谢!